故宫博物院宣传教育部 / 编

给孩子的故宫系列

哇！故宫的二十四节气·春

清明

中信出版集团 · 北京

哇！故宫的二十四节气 · 春 · 清明

编　　者：故宫博物院宣传教育部
策 划 人：闫宏斌　果美侠　孙超群
特约编辑：范雪纯
策划出品：御鉴文化（北京）有限公司
出版发行：中信出版集团股份有限公司
（北京市朝阳区惠新东街甲 4 号富盛大厦 2 座　邮编 100029）
承 印 者：北京利丰雅高长城印刷有限公司

策 划 方：故宫博物院宣传教育部
出 品 方：御鉴文化（北京）有限公司

出　　品：中信儿童书店
策　　划：中信出版 · 知学园
策划编辑：鲍　芳　杜　雪　宋雪薇
装帧设计：魏　磊　谢佳静　周艳艳
绘画编辑：董　瑾　李丽娅　周艳艳
营销编辑：张　超　隋志萍　杜　芸

春雨惊春清谷天，
夏满芒夏暑相连，
秋处露秋寒霜降，
冬雪雪冬小大寒。

清明三候

初候　桐始华

二候　田鼠化为鴽

三候　虹始见

本书关于二十四节气、七十二物候的内容，主要参考了《逸周书·时训解》。它依立春至大寒二十四节气顺序阐释每个节气的天气变化和应出现的物候现象。

故事人物介绍

人物：骑凤仙人

特点：老顽童，爱吃又爱玩。

形象来源：故宫屋脊仙人——骑凤仙人，可骑凤飞行、逢凶化吉。

人物：龙爷爷

特点：智慧老人，爱打瞌睡。

形象来源：故宫屋脊小兽——龙，传说中的神奇动物，能呼风唤雨，寓意吉祥。

人物：凤娇娇

特点：高贵冷艳的大姐姐，有个性。

形象来源：故宫屋脊小兽——凤，即凤凰，传说中的百鸟之王，祥瑞的象征。

人物：狮威威

特点：勇猛威严，爱逞强。

形象来源：故宫屋脊小兽——狮子，传说中的兽王，威武的象征。

人物：海马游游

特点：天真外向的机灵鬼，话多。

形象来源：故宫屋脊小兽——海马，身有火焰，可于海中遨游，象征皇家威德可达海底。

人物：天马飞飞

特点：精明聪敏，有些张扬。

形象来源：故宫屋脊小兽——天马，有翅膀，可在天上飞行，象征皇家威德可通天庭。

人物：押鱼鱼

特点： 乖巧爱美，胆小内向。

形象来源： 故宫屋脊小兽——押鱼，传说中的海中异兽，身披鱼鳞，有鱼尾，可呼风唤雨、灭火防灾。

人物：狻大猊

特点： 安静腼腆，呆头呆脑。

形象来源： 故宫屋脊小兽——狻（suān）猊（ní），传说中能食虎豹的猛兽，形象类狮，也象征威武。

人物：獬小豸

特点： 公正热心，为人直率。

形象来源： 故宫屋脊小兽——獬（xiè）豸（zhì），传说中的独角猛兽，是皇帝正大光明、清平公正的象征。

人物：斗牛牛

特点： 耿直果断，脾气大。

形象来源： 故宫屋脊小兽——斗（dǒu）牛，传说中的一种龙，牛头兽态，身披龙鳞，是消灾免祸的吉祥物。

人物：猴小什

特点： 多才多艺，脸皮厚。

形象来源： 故宫屋脊小兽——行（háng）什（shí）。传说中长有猴面、生有双翅、手执金刚杵的神，可防雷火、消灾免祸。

人物：格格和小阿哥

特点： 格格知书达理，求知欲强，争强好胜。
小阿哥生性好动，古灵精怪，想法如天马行空。

清明节到了，这天雨过天晴，小伙伴们相约去乾清宫蹴（cù）鞠（jū）。

小阿哥跑在了最前面，看着天空说：“咦？有座彩色的桥！”

斗牛牛摇摇头说：“那是彩虹！清明时节，空气中的水汽增多，所以天空偶尔就会出现彩虹。”

小阿哥似懂非懂地点了点头：“知了——知了——”

看我的!

小伙伴们开心地玩着。

只见狮威威一脚大力射门，球如疾风般进了大殿里。

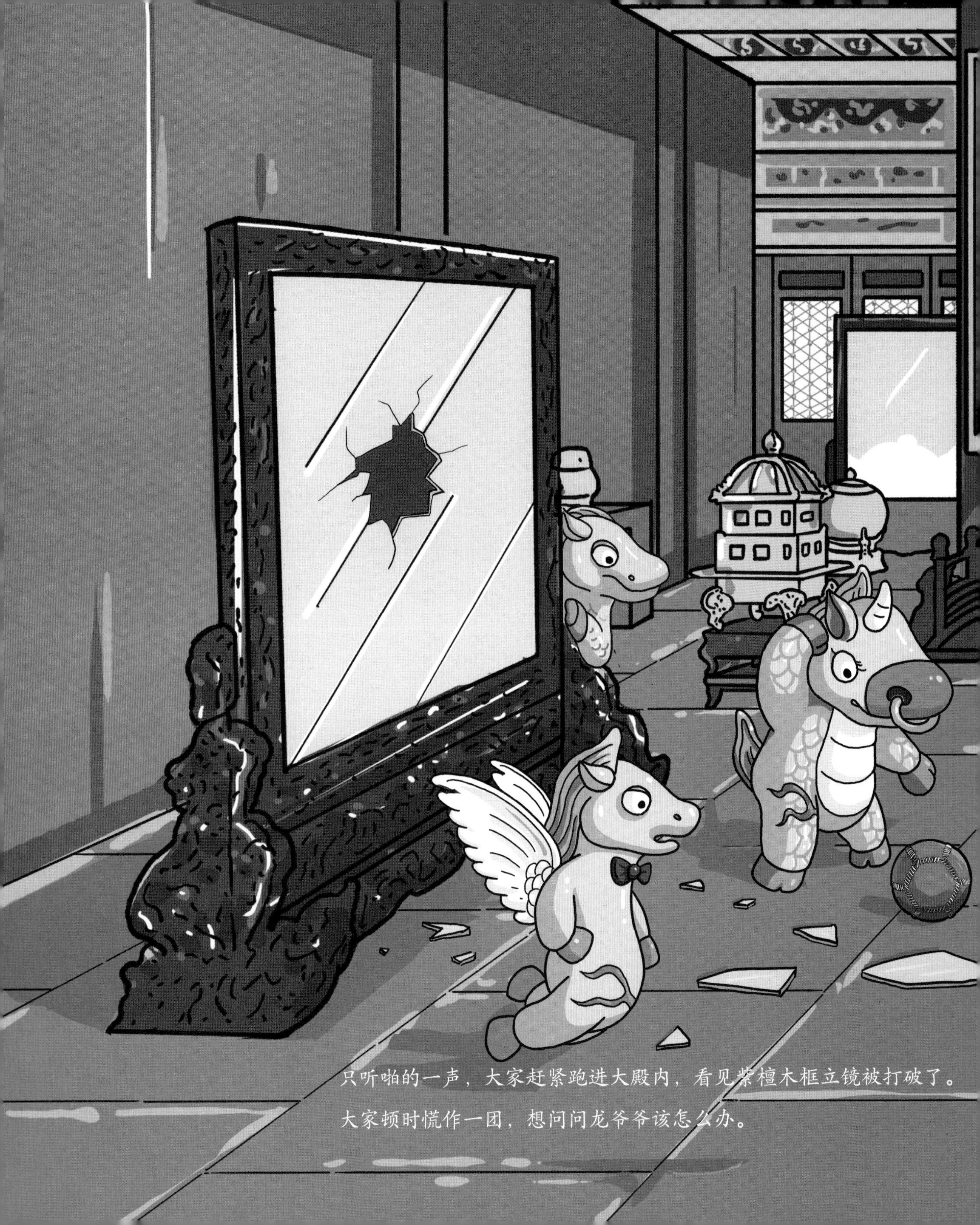

只听啪的一声，大家赶紧跑进大殿内，看见紫檀木框立镜被打破了。

大家顿时慌作一团，想问问龙爷爷该怎么办。

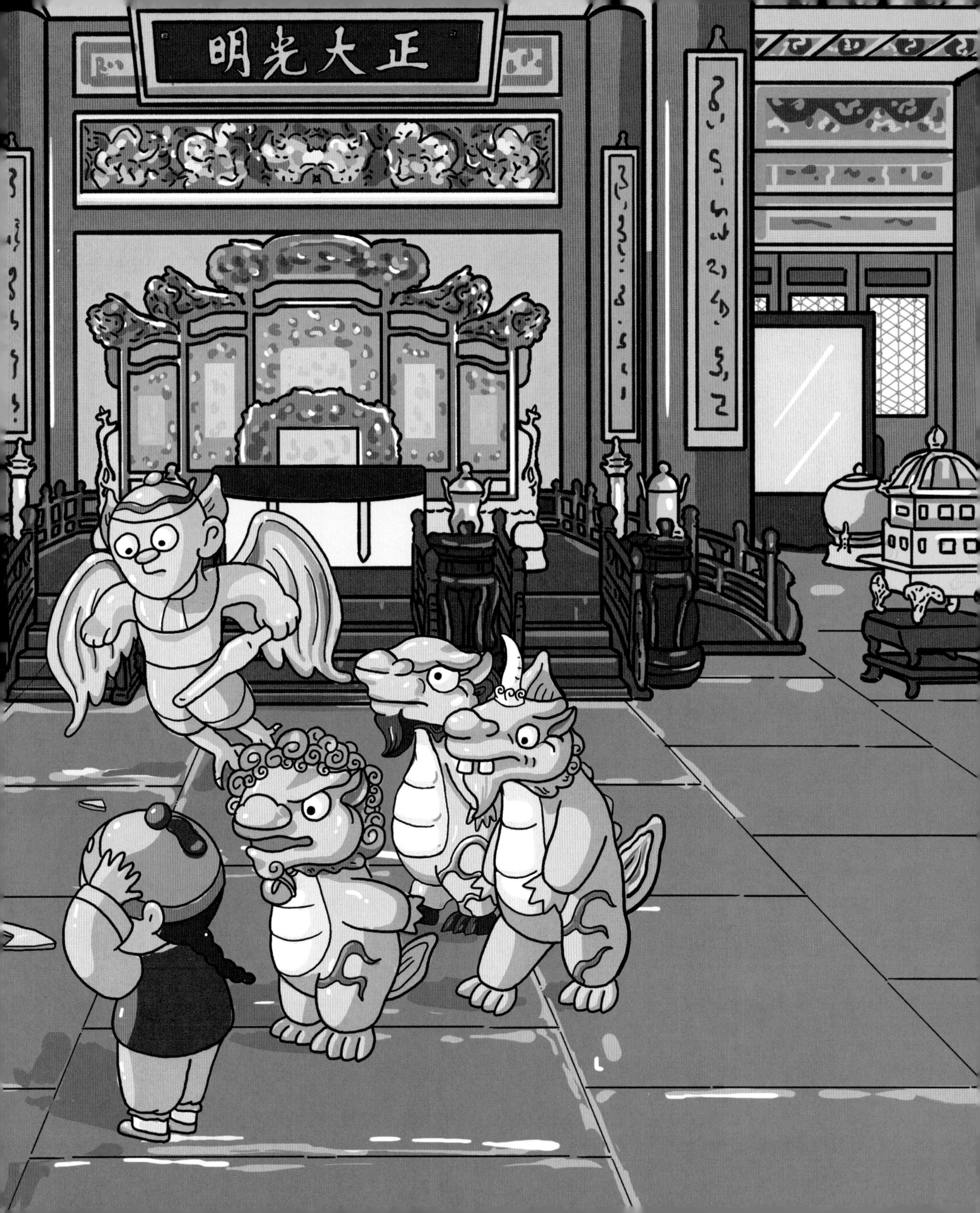
正大光明

大家来到乾清门，见到两只镇守宫门的鎏（liú）金铜狮。

小阿哥说：“请问，你们看到龙爷爷了吗？”

两只鎏金铜狮回答：“想要知道龙爷爷在哪，请先找出我们之间的不同之处！”

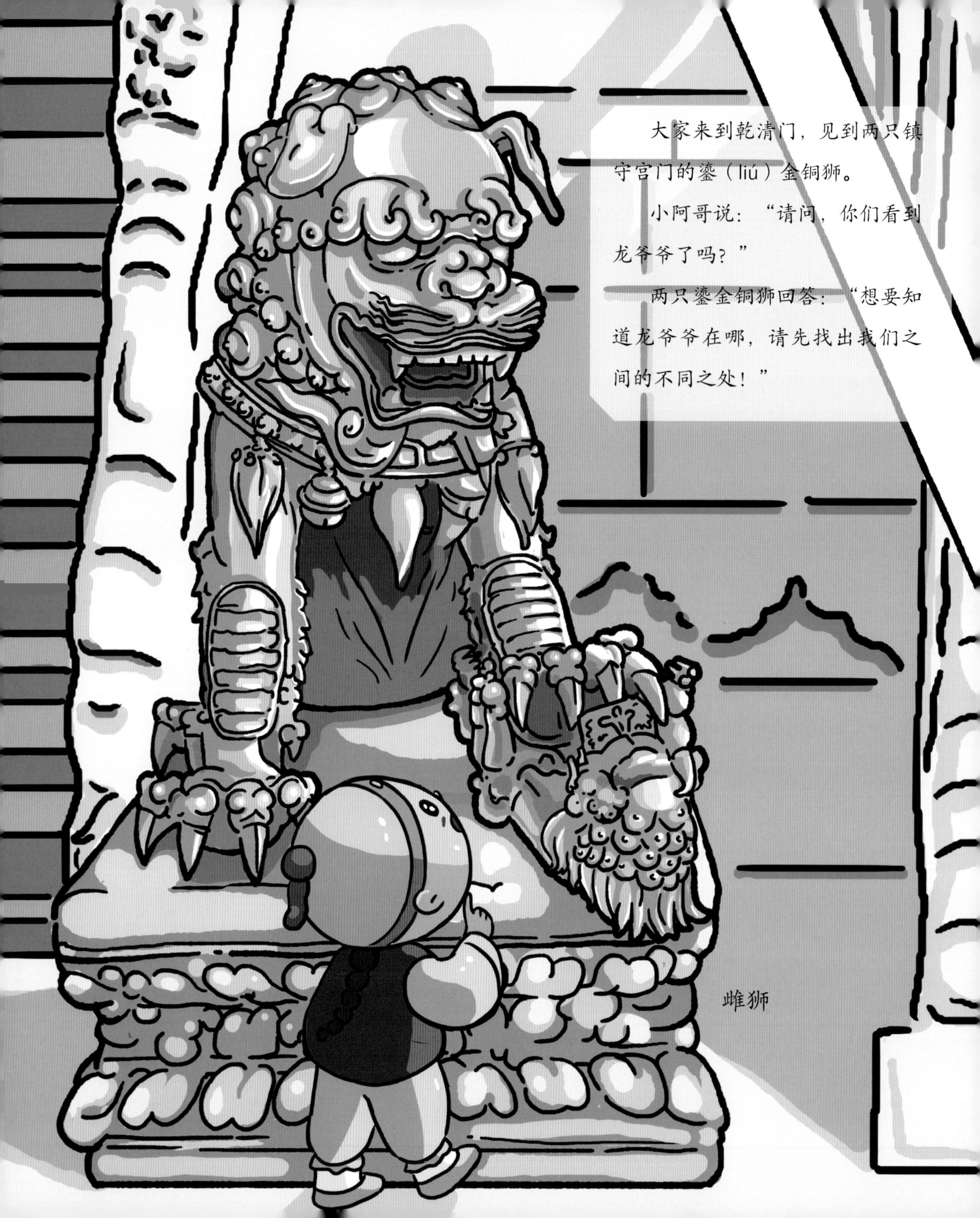

小阿哥说：“这简单！你是雄狮，因为脚下是一个小球；而你是雌狮，因为脚下是一只小狮子。”

两只鎏金铜狮无奈地说：“难不倒你！龙爷爷刚去那边了。”

雄狮

沿着铜狮子指引的方向走，小阿哥看到了押鱼鱼。

獬小豸上前询问：“押鱼鱼，你在这儿做什么呢？”

狎鱼鱼拎着一只小木桶乖巧地说：“我在给太平缸加水呢！这里的水是用来灭火的。”

小阿哥着急地大声问：“那你看到龙爷爷了吗？”

押鱼鱼点点头：“你去翊坤宫看看吧。”

芝草溫樹四時春

小伙伴们来到翊坤宫，看到格格正在廊道里荡秋千。

小阿哥急忙跑过去问：“姐姐，姐姐，你看到龙爷爷了吗？”

格格指着屋里说：“龙爷爷在屋里呢。”

进了屋，小伙伴们告诉了龙爷爷事情的经过。

龙爷爷点点头说：“你们勇于承认错误，值得表扬！以后玩耍时一定要小心！”

乾清宫

乾清宫自明代永乐皇帝起就是皇帝的寝宫。清代康熙以前沿袭明制。雍正皇帝移居养心殿后，这里就作为皇帝处理日常政务等的场所。“乾”是“天”的意思，“清”是“清宁”的意思，合起来就是说在皇帝的统治下，天下可以得到清平和安宁。每年的除夕和元旦（农历正月初一，即春节），清代皇帝都在乾清宫举行家宴。

蹴鞠

“蹴”指用脚踢，“鞠”指古代的一种球。蹴鞠是古代一种踢球游戏，类似现今的踢足球。在古代中国，蹴鞠在官方和民间广受欢迎，在许多史籍中均有记载。

鎏金铜狮

故宫里有很多铜狮，而乾清门前的鎏金铜狮尤其精致。东侧狮子是雄狮，脚踩球，代表皇权一统寰宇。西侧狮子是雌狮，脚下有一只小狮子，象征皇家子孙万代，绵延不绝。

太平缸

故宫里有很多铁缸、铜缸和鎏金铜缸。平时缸中都存有水，是宫中的消防设备；也被称为“太平缸”，有保佑太平之意。

清明在每年的 4 月 4 日、5 日或 6 日。这个节气名字的由来和这个时候的气候特点有关：清明的时候，气温开始升高，风也清爽，天空也明净。清明是扫墓祭祖的日子，是中国的祭祀节日。这个时节春暖花开，出去踏青是不错的选择，所以很早就有清明踏青的习俗，清明节也叫作踏青节。

二十四节气古诗词——清明

清明

◎唐 杜牧

清明时节雨纷纷，
路上行人欲断魂。
借问酒家何处有，
牧童遥指杏花村。

作者：杜牧，字牧之，号樊川居士。唐代文学家。

诗词大意：清明时节细雨绵绵，行路的人们都是一副凄迷哀伤的样子。这时节，我本应与家人团聚，祭拜祖先，踏青寻春，然而现在我却孤身流浪。我想找个地方躲雨、歇脚、消愁，便问当地的牧童哪里有酒家，牧童指了指远处开满杏花的山村。

节气小专家

荡秋千

荡秋千是清明节习俗之一，有着悠久的历史。有种说法是：秋千最早叫千秋，后来为了避讳，改成了秋千。秋千至今仍深受孩子的喜爱。

吃货小达人

寒食节

寒食节在清明节前一两日，古人从这一日起三天不生火做饭，只能吃冷食。传说此节是为春秋时期晋国的忠臣介子推而设立的。相传晋文公重耳流亡时，介子推割了自己大腿上的肉供晋文公食用。晋文公复国之后，介子推却与母亲归隐绵山。晋文公寻他不得，不惜焚山逼迫，最终发现介子推和他的母亲一起被烧死在深山中。为了悼念他，晋文公规定在他的忌日不能生火做饭，后来逐渐形成习俗流传开来。

寒食节最出名的食物便是青团了。青团又称清明饼、艾叶粑粑等，是将艾草汁和糯米粉一起搅拌，和成面团，然后包上豆沙、枣泥等馅料，放到蒸笼内蒸熟。出笼的青团色泽鲜绿，香气扑鼻。

节气物候说

清明三候

初候 桐始华

白桐花开放。

二候 田鼠化为鴽

喜阴的田鼠躲到地下的洞中不见了，而喜爱阳气的小鸟开始出来活动了。古人误以为是田鼠化为了小鸟。

三候 虹始见

雨后的天空会出现彩虹。

故宫花与木

御花园·4月

紫藤

AR重现恢宏古建

扫描二维码下载 App

⇩

打开 App

⇩

点击“AR 故宫”

⇩

扫描下方建筑 —— 乾清宫

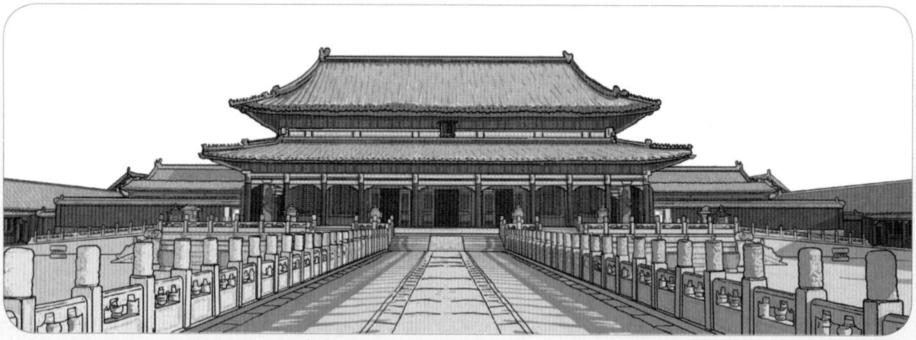